Las voces del cosmos

Mario Rucci

EDIQUID

LAS VOCES DEL COSMOS

Editado por: Corporación Ígneo, S.A.C.
para su sello editorial Ediquid
José Olaya 169, Ofic. 504, Miraflores. Lima, Perú
Primera edición, febrero, 2026

ISBN: 978-956-424-102-9

Se terminó de imprimir en febrero de 2026 en:
ENOTRIA S.A.
Av. Nicolás Ayllón 2890. Ate, Lima – Perú

www.grupoigneo.com
Correo electrónico: contacto@grupoigneo.com | Teléfono: +51 955 071 270
Facebook: Grupo Ígneo | X: @editorialigneo | Instagram: @grupoigneo

Colección: Nuevas Voces

Contenido

1 Preámbulo ... 7

2 Planetas ... 9

3 Vital ... 11

4 Aire ... 13

5 Agua ... 15

6 Luz ... 17

7 Temperatura ... 18

8 Fuego ... 20

9 Lluvia ... 22

10 Humanos ... 24

11 Ecología ... 26

12 Supervivencia ... 28

13 Permanencia ... 30

14 Perpetuidad ... 32

15 Infinito 34

16 Pensamiento 36

17 Deducción 38

18 Materia 40

1
Preámbulo

Las *Voces del cosmos* es una narración «objetiva-subjetiva»; la que considero (no como una simple suposición «fantástica» o un relato de ciencia ficción —es mucho más que eso: posiblemente la «realidad misma»—), como «el sentir y el decir» desde el infinito de nuestro universo (y el de todos), con total contundencia, de cuáles son sus «alocuciones», para ser tenidas en cuenta por todos los seres vivientes (inteligentes —la raza «humana universal»—) que habitan, existen y viven en todas las «galaxias» del cosmos.

No debemos considerar la «Vía Láctea» en la que habitamos como la única, dado que en el universo infinito existen cientos o más por descubrir y conocer seres de la raza humana (que es «universal») que allí viven; diferenciándose de nosotros simplemente por sus características o aspectos físicos diferentes, como el color de la piel, los idiomas, formas de sentir y de existir. No encontrándose ninguna otra «distinción» (como seres vivos que somos), pero quizás sí, sean o tengan un desarrollo mayor en todo (social, científico, cultural); en consecuencia, nos superan en «inteligencia».

Las «Voces del Cosmos» tratan de comunicarnos que no somos (ni seremos) únicos en el universo y, por tal razón: ¡no estamos solos! Más allá, tratan por todos los «medios posibles» (vaya uno a saber por qué) de ocultarnos una «existencia» que es verdadera: «la humana universal»; y aún más… ya están (y han estado) entre nosotros, ¡a pesar de que lo nieguen!

2
Planetas

Dicen:

«Somos» existentes e imposible de determinar nuestra vida (existencia real; somos seres inorgánicos en evolución constante; no nos reproducimos) dentro del cosmos infinito y de las distintas galaxias en las que estamos situados. La «materia» constituye nuestra sustancia principal, que nos da vida y, a la vez, está provocándonos una constante evolución. Además, determina las distintas formas que nos caracterizan y diferencian de los otros «planetas hermanos». En virtud de que la materia aún por descubrir de dónde realmente surge o nace, porque, desde nuestro punto de vista, como «componente» fundamental que nos da vida y forma, eternamente ha estado presente. Y es por eso que preguntamos: ¿cómo verdaderamente ocurrió todo?, claro, objetivamente, sin supuestos aún por verificar (pues creemos que desde tiempos «inmemoriales» estamos vivos).

Todos los planetas tenemos una rotación «necesaria» e imprescindible alrededor de una «superestrella», que llamamos sol; y se caracteriza por tener un cuerpo o forma muy particular (única), desconociéndose (otra incógnita) sobre su surgimiento, al igual que la de nosotros (los planetas). Las órbitas que describimos y por donde circulamos están de acuerdo con la atracción y gravedad que tengamos respecto a nuestra estrella padre (los soles), que, aparte, nos dan luz y vida (como cuerpo celeste que somos).

En armonía y conjuntamente navegamos a través del espacio, como si fuéramos una «nave espacial», con un destino concreto, siempre alrededor de quien nos da vida, un sol propio de la galaxia donde habitamos.

Por tal razón, nos asemejamos a cualquier ser vivo por ser materia viviente (debido a que esta siempre estuvo presente en todo el universo), y es por eso (al igual que ella) imposible afirmar que nosotros hayamos surgido de «la nada» o por una fuerza todopoderosa que nos dio vida y forma (por ser la materia eterna e inmortal). Nos llaman «planetas», somos materia viva y objetos celestes dispersos en todo el universo, y nos caracterizamos por ser considerados «vagabundos y errantes».

3
Vital

Expone:

Significó realmente algo muy importante y trascendental; necesario para la «vida». Tengo la capacidad de permitir vivir (tener existencia real), crecer y que todo pueda desarrollarse con energía, vigor y actividad.

Estoy dotado de un gran poder e impulso, permitiendo la existencia y también actuar en las distintas circunstancias que se presenten a lo largo de la vida humana, animal y vegetal en un «todo» inimaginable.

Me caracterizo por tener la máxima suficiencia para dar vida y subsistencia a todos los seres orgánicos e inorgánicos y, finalmente, morir.

De hecho, seré eternamente esencial, imprescindible, fundamental en «todos los tiempos», siglos y milenios.

Me pueden encontrar en todos los aspectos de la vida de las personas (humanos «universales»), animales, elementos orgánicos e inorgánicos del universo. Doy un sentido definido y necesario a todo el cosmos.

El agua, el aire, la luz, el descanso y los alimentos que dan vida hacen que siempre seré «vital»; y sostengo que, sin estos principios (fundamentales elementos), no tendría existencia ni el universo infinito.

4
Aire

Declara:

Soy una capa que rodea a los planetas, necesaria e imprescindible, porque formo parte y conformo lo que llaman atmósfera, permitiendo de esa forma que la vida pueda darse allí. Además, me acompañan otros dos elementos principales, que son el dióxido de carbono y el vapor de agua.

En consecuencia, esa mezcla de gases que integran cualquier atmósfera, y es por toda esta composición que puedo hallarme en todo el universo, facilitando la «vida» en los diversos y distintos planetas de las galaxias del cosmos infinito.

Por diferentes razones, me parezco al ser humano (universal), porque ambos: ¡necesitamos aire para subsistir!

Mi función esencial está relacionada (como si fuera un elemento espiritual) con la respiración y dar vida animada en los distintos «mundos» (planetas) del infinito. Me comunico con el cuerpo de todos los seres vivientes inteligentes (humanos universales) y diferentes animales y flora existentes en los planetas, por ser igualmente un ser vivo y consciente.

Me encuentro constantemente marcando el comienzo y el fin de la «existencia», como incluso determinando su ritmo. Represento (para bien y para mal) el «aliento» vital creador, dando movimiento y la producción de los distintos procesos vitales necesarios a la supervivencia «humana universal», la fauna y la flora del cosmos. Incluso soy determinante en el surgimiento de los vientos, temporales, ciclones y huracanes.

5 Agua

Expresa:

Como líquido transparente (que me componen dos átomos de hidrógeno y uno de oxígeno), sin color, olor ni sabor, soy y seré «imprescindible» en todas las superficies de los planetas (habitados y aún sin humanos) y «necesaria» para todos los organismos vivientes. Además, pueden encontrarme en tres estados: líquido, sólido y gaseoso.

No obstante ser una sustancia química inorgánica, insípida, incolora o casi sin color (indefinido), me constituyo en el componente fundamental de la «hidrosfera» de los planetas existentes en todas las galaxias, a lo largo y ancho del universo infinito. Me encuentro siempre en los fluidos de todos los organismos vivos conocidos y por conocerse.

Poseo propiedades físicas y químicas «importantísimas» y necesarias para la supervivencia de los ecosistemas conocidos y por descubrir.

Me caracterizo por ser pura, renovable y necesaria para la fertilidad y la abundancia. Pero advierto que, asimismo, en determinadas circunstancias (propias de los mundos en general) puedo convertirme en una amenaza, alertando a los seres vivientes sobre un posible «agotamiento», si no me tratan con consideración, moderación y preocupación, por no tenerme «presente» como un elemento necesario e importante para la «existencia» de la vida en todas las formas posibles de concebir.

Además, provoco graves distorsiones dentro de la naturaleza (por ser un elemento vivo más dentro de ella), como maremotos, tsunamis, lluvias torrenciales, inundaciones y todo tipo de desastres y destrucciones por ser una sustancia con mucha potencia.

6 Luz

Opina:

Viajo de continuo por el espacio a 300 mil kilómetros por segundo; existo y seré por siempre «irreemplazable» por ser un agente físico que hace posible la «visibilidad» de cualquier objeto del universo. Soy y además tendré que subsistir «eternamente», al ser necesaria para la vida de cualquier ser viviente.

Represento la «claridad» en la vida de todos los componentes de las galaxias existentes en el cosmos. Tengo la «energía» que me permite dar color a toda la «materia» que existe y por conocerse.

Como elemento «invisible» (pero a la vez visible), ilumino e informo a la «vida» la forma de actuar y desarrollarse a cada integrante del universo.

Me caracterizo por ser «brillante», porque constantemente puedo dar conocimiento, esperanza y descubrimientos necesarios para la supervivencia en general de todas las vidas existentes (humanas universales, faunas y floras diversas).

En conclusión, me considero un elemento «primordial», permitiendo a todos los seres vivientes del universo que sus ojos puedan ver y hacer posible el desarrollo de todas las «civilizaciones» situadas a lo largo y ancho del universo infinito.

7
Temperatura

Indica:

Comunico a todos los «mundos» los grados de calor o frío de los cuerpos y del ambiente. Estoy presente en los estados de los organismos de todos los seres humanos y seres vivos (vegetales y animales) que habitan en la inmensidad del universo.

Me manifiesto y represento (como agente natural) una magnitud física en relación con toda energía interna y externa que exista en cualquier «sistema» universal termodinámico.

Mi característica es que determino la cantidad de energía calorífica que puedo aportar, a través del aire, en cualquier momento en la vida de «todos» los seres vivientes universalmente. Por lo tanto, soy la «reina del clima» en todo el cosmos.

Digo y sostengo que «seré», por toda la eternidad, la determinante del «grado» de calor o frío que habrá en todos los planetas de las galaxias existentes en la infinitud del universo. Porque, en definitiva, como propiedad de la materia (eterna), provoco continuamente tanto la sensación de calor como de frío, de acuerdo con las circunstancias que se puedan dar en contacto con ella.

8
Fuego

Demuestra:

Surjo a partir de moléculas incandescentes (partículas) de materia combustible y, debido a ello, soy capaz de dar calor y emitir luz. También me caracterizo por ser el símbolo de la vida (Sol), por ser material y, además (sobre todo), «sobrenatural» (por todo lo que significo universalmente).

En virtud de que doy «vida» a los distintos planetas de las diversas galaxias (claro, están allí mis otros hermanos —otros soles—), ayudándome con dicho fin: dar calor, luz y vida por los tiempos de los tiempos.

Asimismo, significo un «cambio constante», dándoles a los distintos planetas las diferentes estaciones por las que deberán atravesar los seres humanos, conjuntamente con la flora y la fauna, respectivamente. Me consideran un ser «divino», algo «mágico», según las tradiciones de las antiguas civilizaciones.

Existo por ser el producto de una «reacción en cadena» de la materia, que me permite «subsistir» y ayudar al cosmos infinito (que, a pesar de su infinitud, muchas veces —«yo, el fuego»— tengo una «acción destructiva» y de «muerte»). Los seres humanos deberán, cada vez más, conocerme y tratar de lograr «acciones» positivas frente a mí, para que nunca me consideren un enemigo más.

Por todos estos factores: ¡seré eterno, como el tiempo!

9
Lluvia

Sostiene:

Tengo vida en todas las «atmósferas» de los planetas con «existencia» humana, de donde vengo y caigo desde las nubes que habitan en esos distintos planetas, con su fauna y su flora correspondientes; es decir, en esa galaxia donde se encuentre dicho «mundo».

Me caracterizo por ser agua en precipitación, aguacero, chaparrón, chubasco y otras veces en forma más violenta, como la tromba o el diluvio. Pero también, a la vez, «simbolizo» la vida y el crecimiento. Estoy continuamente alimentando a los distintos seres vivos, además de a las lagunas, arroyos, ríos, mares y océanos que están constantemente activos por el líquido que aporto: «agua».

En virtud de mis aportes, que son «fundamentales» en todos los planetas que tienen «vida» (existencia de seres vivos), ya que sin mí no podrían «subsistir». En definitiva, significo «fertilidad, renovación y purificación».

En conclusión, sostengo que todos los planetas (de las galaxias) —conjuntamente con sus seres humanos, su flora y su fauna— nunca tendrían «supervivencia» sin mi presencia: ¡la lluvia!

10
Humanos

Exteriorizan:

Somos y seremos seres vivientes del inmenso universo (habitamos en todas las galaxias del cosmos infinito). Hemos estado viajando toda la vida, descubriendo y colonizando «nuevos mundos» (planetas), quedándonos en algunos de ellos, donde era realmente posible subsistir.

Hablamos idiomas diferentes, tenemos una constitución física distinta y también un color de piel particular; pero pertenecemos a una sola y única raza: «la humana» (racional, objetiva-subjetiva y con un único destino que conocemos: nacer, desarrollarse y una vida determinada por «el tiempo», que algún día nos alcanza: «morir»), casi perfecta. Incluso se debe tener en cuenta a la «ciencia» y a los científicos, en constante lucha por prolongar nuestra existencia a nivel universal y alcanzar, en algún momento, un vivir cada vez más «longevo»: imposible de determinar.

En consecuencia, nunca podremos ser considerados por «nadie» como un «animal» más (los animales son seres vivientes, por supuesto, pero no hablan, actúan por su instinto; no podrán jamás saber cuál habrá de ser su destino final ni la razón de su existencia) en cualquier planeta de las galaxias del cosmos. Nosotros —como seres humanos que somos—, en cambio, tenemos «inteligencia» real y concreta, a través de la cual construimos sociedades (civilizaciones) con una identificación caracterizada por una «cultura» propia de los «humanos universales».

Afirmamos que no somos ni fuimos ninguna «clase de primates» (descendientes de ellos), porque nos caracterizamos por tener capacidad intelectual (desarrollarla), poder de abstracción, interpretación y comunicación, casi siempre con muchas complejidades.

Concretamente, somos y seremos seres «altamente sociales» (cien por cien), formando redes asociativas con sistemas de parentesco definidos; lo que no sucede —ni sucederá nunca— con las distintas especies de animales existentes en todo el cosmos.

11
Ecología

Advierte:

Estamos presentes y atentas continuamente a la «situación» general de todo el universo, para poder dar «observaciones» sobre determinados peligros a los seres humanos universales, para que cada vez «más» tengan en cuenta las precauciones sobre sus acciones en la naturaleza.

Todos los seres humanos en el universo deben —como habitantes que son— tener muchas «prevenciones» sobre su forma de actuar dentro del medio ambiente.

Existimos como un «sistema» que tiene en cuenta (vigilando) el vínculo mutuo y las relaciones con todos los organismos vivientes (humanos, animales, vegetación) con su entorno o ambiente, como también con los seres inorgánicos (tierra —planetas—, agua, rocas, arenas).

Controlamos los «ecosistemas» en toda la compleja existencia y vida de los planetas, y estamos siempre luchando y advirtiendo contra aquellos elementos o prácticas construidas a partir de compuestos químicos que los humanos «mal utilizan», afectando el normal desarrollo y coexistencia de todos los seres vivos.

En concreto, estamos y actuamos como «policía universal», en defensa de la biología, la geología, la física y todo aquello que afecte la normalidad de los mundos (planetas) y del universo en general, para un mejor bienestar y la prolongación de la subsistencia eterna.

12
Supervivencia

Informa:

Nada es fácil ni difícil, pero sí la «perduración» de todo ser vivo en cualquier parte del cosmos. La existencia de todos los seres «humanos universales» es fundamental para que no sea posible su «extinción», teniendo en cuenta los medios y condiciones necesarias para poder subsistir y continuar su desarrollo en todos los niveles (económico, social, cultural, científico).

La continuidad de la vida para todos los humanos (existentes en cualquier lugar del universo) es tener constantemente «descendencia», de acuerdo con la forma de vida del mundo (planeta) donde se encuentren habitando. Es una «lucha» a la que deben dar prioridad para ganar día tras día, años, siglos y milenios: la continuidad del ser humano.

Preparándose siempre (teniendo en cuenta) para hacer frente a los «peligros» internos y externos de las sociedades donde les toque vivir. Todo lo anterior significa que las acciones que ellos realicen tendrán que ser concretas y perfectibles de superación.

En definitiva, todos los seres humanos (y demás seres vivos: flora y fauna) deberán tener en cuenta «por siempre» y velar por su supervivencia, y nunca pensar en la autodestrucción propia ni del planeta donde se encuentren habitando.

13
Permanencia

Plantea:

El ser humano en general (universal) tiene y deberá tener siempre presente un «sentir» positivo en relación con su identidad con la comunidad, dentro del planeta que habita (de cualquier galaxia), para el bienestar de todos por igual.

El hombre, para poder conservar una «permanencia» segura, evolucionista y continua durante un largo tiempo (seguir subsistiendo como especie «humana»), debe enfrentarse a los peligros tanto internos como externos (posibles en todo momento), provenientes del cosmos infinito.

El universo es también un ser vivo —aunque no lo parezca—, por ser parte integrante de la «naturaleza global», porque siempre tuvo y tendrá eternamente cambios estructurales y transformaciones que se dan cada tanto (imposible de determinar) con el paso del tiempo.

El ser «humano universal» debe tener en cuenta que su permanencia estará continuamente puesta a prueba por sus acciones y las catástrofes naturales de los distintos planetas —luchas sociales, guerras, pandemias, enfermedades; terremotos, volcanes, maremotos, huracanes—, además de los peligros provenientes del espacio sideral —cometas, meteoritos, naves espaciales, satélites— y de los internos —derivados de los distintos avances científicos en los variados rubros.

La «permanencia» del humano en el cosmos será solo posible con una supervivencia coherente con las metas que se propongan a corto y largo plazo en su existencia «temporal» y la descendencia —su futuro— que tengan: ¡por los milenios de los milenios!

14
Perpetuidad

Esboza:

La continuidad del ser «humano universal», es decir, la perduración de su vida en el universo infinito, estará determinada por él mismo (su existencia) a lo largo del tiempo y del «espacio cósmico», que nunca habrá de tener fin, como consecuencia de que la «materia» es y será por siempre «inmortal».

La «perpetuidad» es una propiedad que, si es bien utilizada por los seres humanos, significa que su presencia en las «distintas» galaxias nunca podrá tener una «culminación» determinada por el devenir de los tiempos. El ser humano, como ser «vivo» que es, tendrá vida de acuerdo con su capacidad física e intelectual y con la invalorable ayuda constante de la «ciencia», para alcanzar cada vez una longevidad mayor siglo tras siglo.

El ser humano las personas —masculino/femenino— continuará existiendo y se preservará por siempre: ¡aunque nadie lo crea! Pero lo fundamental para que esto suceda es que la «continua evolución» (en todos los sentidos de la vida: social, cultural, económica, científica y de fraternidad) de los seres «humanos universales» nunca intente autodestruirse mediante una «guerra de destrucción total».

15
Infinito

Proclama:

Como ser «vivo material» estoy en una expansión inimaginable, constante y evolutiva por toda: ¡la eternidad material!, latente en todo el cosmos, porque no tengo límites y, por ende, tampoco fin. Me caracterizo por ser inagotable e incalculable.

El «hombre universal» pretende conocerme, saber más de mí, pero eso es y será imposible. Podrá llegar a tener ciertas pautas para poder moverse entre galaxias, pero nunca (jamás) encontrará ni un principio ni un punto final sobre mí en sus travesías por el universo.

Yo, el «infinito» —eterno e imperecedero—, existo en lo que llaman universo, y mi «autenticidad» está dada por ser abierto y no cerrado. Tengo una presencia independiente y, al mismo tiempo, sensible a todos los seres vivientes del cosmos, tanto orgánicos como inorgánicos.

Finalmente, digo que las matemáticas, las filosofías y la astronomía son mis semejantes, porque también «no tienen» límite, y menos una conclusión final (están en constante evolución). Es decir, mi «rasgo» principal es que soy incesante e ininterrumpido, en un estado expansivo, inconcebible y en transformación: ¡siempre adelante!

16
Pensamiento

Razona:

Tengo la gran capacidad, como la «raza humana universal», de tener ideas y, a la vez, producir representaciones de una realidad material (y también orgánica), incuestionables, que tienen y tendrán definitivamente relaciones unas con otras.

Represento la facultad del raciocinio, la reflexión y la inteligencia (no artificial) para poder adquirir cada vez más conocimientos y divulgarlos. En consecuencia, proceso y, a la vez, organizo constantemente toda la información que puedo «obtener».

Por lo tanto, soy el resultado de toda acción derivada de estar pensando, teniendo como base todo lo que veo, conozco y puedo sentir. Me organizo en el «cerebro» (la «materia gris» incrustada en la cabeza del ser «humano universal») y genero conocimientos intelectuales, a veces muy complejos. Por ello, estaré controlando los movimientos corporales (que crean continuamente cambios materiales) en la vida social y en las sociedades organizadas.

Tengo la facultad de existir y continuar existiendo en cualquier «tiempo», ya que sin mí es imposible la supervivencia del ser «humano» de todas las galaxias. Me defino como: ¡un mal necesario!, tanto para lo bueno como para el mal.

17
Deducción

Concluye:

Trato de ser en todo momento la «verdad» (con esfuerzo siempre por encontrarla) y, a su vez, soy amiga de la materia (real y verdadera); somos compañeras en esta historia sin fin (una historia larga como el tiempo y cambiante a través de él: pasado, presente y futuro).

Estoy en continua búsqueda hasta encontrar la «lógica» desde lo universal a lo particular, en relación con la vida material, tanto de los seres vivientes del universo infinito (humanos —únicos— universales, flora y fauna de las distintas galaxias) como de los elementos inorgánicos existentes en todos los confines del cosmos.

Me encuentro constantemente tratando de sacar «conclusiones», teniendo en cuenta cada dato o circunstancia de la realidad en la que vivo insertada, porque el universo es como es, y trato de comprender más sobre la vida (material y orgánica), analizando y hallando respuestas contundentes continuamente.

En fin, represento «el amor y el respeto» como consecuencia de ir perpetuamente a inferir o sacar lo que considero efectivamente «convincente» dentro de este mundo «global», totalmente material, donde todos (el ser humano universal, los demás seres vivientes —flora y fauna— de todas las galaxias) viven, y mi tarea es buscar sin pausa «respuestas» reales y verdaderas de todo el existir, de ahora y siempre.

18
Materia

Confiesa:

Al igual que todos los seres vivos (humanos universales, flora y fauna existentes en los planetas de todas las galaxias), que también son «materia» (nacen, se desarrollan y mueren, pero no desaparecen: su materia queda); por lo tanto, como elemento «natural», permanezco en forma «inmortal».

Los seres humanos, durante toda su vida, se caracterizan por ser totalmente «materiales» (a pesar de su «espiritualidad», que es importante). Se nota en su pensar y actuar en la vida, en torno a lo económico, lo político, lo social y lo cultural (más allá de las religiones y partidos políticos).

En definitiva, el universo infinito y todos los componentes de él son: ¡materia!, y continuarán por los siglos, los milenios, imposible de determinar; como también el «tiempo», en relación con su «duración», es igualmente «infinito»: ¡no tiene fin ni nunca será posible de alcanzar!

EDIQUID

www.ingramcontent.com/pod-product-compliance
Lightning Source LLC
LaVergne TN
LVHW060307051026
849517LV00003B/1020
* 9 7 8 9 5 6 4 2 4 1 0 2 9 *